神奇的新能源

水 能

郑永春　主编

中国科学院电工研究所　陈金秀　审定

南宁市金号角文化传播有限责任公司　绘

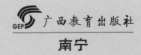
广西教育出版社

南宁

神奇的新能源
编委会

（排序不分先后）

序言

新能源，新希望

——写给孩子们的新能源科普绘本

20世纪六七十年代，"人类终将面临能源危机"的论调十分流行。那时，作为"工业血液"的石油，是人类最主要的能源之一。而石油的形成至少需要两百万年的时间。有科学家预测，在不久的将来，石油会消耗殆尽。然而，半个世纪过去了，当时预测的能源危机并没有到来，这其中，科技进步带来的新能源及传统能源的新发现起到了不可估量的作用。

一、传统能源的新发现。传统能源包括煤、石油和天然气等。随着科技的发展，人们发现，除曾被世界公认为石油产量最高的中东地区外，在南美洲、北极和许多海域的海底均发现了新的大油田。而且，除了油田，有些岩石里面也藏着石油（页岩油）。美国因为页岩油的发现，从石油进口国变成了出口国。与此同时，俄罗斯、中国等国也发现了千亿立方米级的天然气田，天然气已然成为重要的能源之一。

二、新能源的开发。随着科技的发展，人们发现了一些不同于传统能源的新能源。科学家在海底发现了一种可以燃烧的"冰"（天然气水合物），这种保存在深海低温环境下的天然气水合物一旦开采成功，可为人类提供大量的能源。氢是自然界最丰富的元素之一，氢能作为一种清洁能源，有望消除矿物经济所造成的弊端，进而发展一种新的经济体系。核电站利用原子核裂变释放的能量进行发电，清洁高效，可以大大降低碳排放量；但核电站也面临铀矿资源枯竭和核燃料废弃物处理及辐射防护等问题，给社会长远发展带来一定的风险。除已成熟的核裂变发电技术外，人类还在积极开发像太阳那样的核聚变反应技术，绿色无污染的可控核聚变能将为解决人类能源危机提供终极方案。

三、可再生能源的利用。可再生能源包括我们熟悉的太阳能、风能、水能、生物质能、地热能等。一些自然条件比较恶劣的地区，如中国西北的戈壁荒漠地区，往往是风能和太阳能资源丰富的地方，在这些地区进行风力和太阳能发电，有助于发展当地经济、提高人们生活水平。在房子的阳台和屋顶，可以安装太阳能发电装置和太阳能热水器，供家庭使用。大海不仅为人类提供优质的海产品，还蕴藏着丰富的能源：海上的风、海面的波浪、海边的潮汐都可以用来发电。地球上的植物利用太阳光进行光合作用，茁壮生长。每到秋天，森林里会有大量的枯枝落叶，田间地头堆积着大量的秸秆、玉米芯、稻壳等农林废弃物，这些被称为生物质的东西通常会被烧掉，不仅污染空气，还会造成资源的浪费。现在，科学家正在将这些生物质变废为宝，生产酒精、柴油、航空燃油以及诸多化学品等。

四、储能技术与节能减排。除开发新能源和新技术外，能源的高效储存、节能减排和能源的综合利用也一样重要。在现代生活中，计算机等行业已经成为耗能大户。然而，计算机在运行时，大量的能源消耗并没有用于计算，而是变成了热量；与此同时，需要耗电为计算机降温。科学家正在研发新的计算技术，让计算机产生的热量大大减少。我们可以提升房屋的保温性能，以减少采暖和空调用电；可以将白炽灯换为节能灯；也可以将垃圾分类进行回收利用，践行绿色低碳的生活方式。

总之，对于未来能源，我们持乐观态度。这套新能源主题的科普彩绘图书，就是专门写给孩子们的，内容包括太阳能、风能、水能、核能、地热能、可燃冰、生物质能、氢能等。我们希望通过这套图书，告诉孩子们为什么要发展新能源，新能源的开发和利用的现状如何，未来还面临着哪些问题。

希望孩子们学习新能源的科学知识，从小养成节约能源的习惯，为保护地球做出贡献。因为，我们只有一个地球。

郑永春　徐莹

2020 年 10 月

目　录

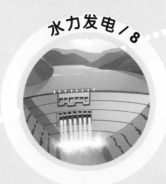

水资源和水能

在太阳系八大行星之中，只有地球是被液态水所覆盖的星球，且地球上水域面积大于陆地面积。从遥远的太空看，地球像一个美丽的蓝色水球。水与我们的生活息息相关，那么，你对水有多少了解呢?

从尼罗河流域到黄河流域，人类文明起源于水；从汪洋大海到涓涓细流，人类的生存依赖水；从水车灌溉到水力发电，人类社会的发展离不开水。水不仅是生命之源，赋予万物生机，它还蕴藏着宝贵的能源，为社会发展提供源源不断的动力。

　　冰川、河流、湖泊、海洋、地下水等都是水在地球上的不同展现形式。它们在地球表面组成了一个不完全连续的圈层——水圈。

　　地球水圈中，水的总量大约为 13.86 亿立方千米。有 96.53% 的水资源储藏在海洋中，还有部分水资源分布在南北两极的冰山和高山冰川中。

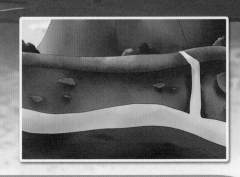

　　湖泊、河流、地下水，大气中和生物体内的水，全部加起来还不足全球水量的 1%。

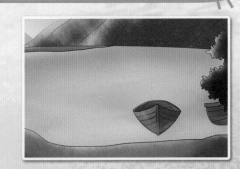

黄河水系

　　流经九个省、自治区。"泾渭分明"一词中的泾河与渭河都是黄河的主要支流。

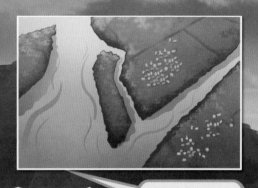

中国七大水系

　　我国国土辽阔，江河众多，其中流域面积超过1000平方千米的河流就有1500多条，蕴藏着丰富的水资源。

珠江水系

　　由西江、北江、东江及珠江三角洲河网等组成。

长江水系

　　流域广阔，支流众多。其支流主要有嘉陵江、汉江、岷江等。

淮河水系

　　位于长江与黄河之间，包括众多汇入淮河的支流。这些支流的南北分布很不平衡。

海河水系

　　是我国华北地区最大的水系。它由五大支流组成，汇合的流段被称为海河，向东流入渤海。

除此之外，我国另外两大水系是辽河水系和松花江水系。

形式多样的水能

水蕴藏着巨大的能量。水能是一种可再生能源，也是清洁能源。

水能

水能中，最主要的是水力能，它包括水的动能和势能。除此之外，海水中蕴藏的丰富热能，与海水含盐量有关的化学能，以及与海水成分相关的核能等，都是水资源中可供开发利用的重要能源。

水力能　　热能　　化学能　　核能

潮汐能

当前我们利用水力能的最主要方式是在河流上修建水力发电站，但随着社会与科技的发展，其他水力能的开发利用也日益受到重视，如海水运动所产生的潮汐能、波浪能、海流能等能量资源。

波浪能　　海流能

水力资源的开发给人们的生活带来了很多益处。

水力发电设施的建设使一些生态环境脆弱的地区以电代柴，减少了砍伐，保护了生态。

同时可以有效提高河流的防洪能力，改善农业灌溉、工业生产等方面的条件。

还能有力带动当地旅游、环保等各项事业的发展，实现经济效益和社会效益的统一。

我国的水力资源

全国水力资源复查结果显示，我国水力资源的理论蕴藏量年电量约为 6.08 万亿千瓦时，技术可开发量和经济可开发量等均居世界第一。称我国水力资源"富甲天下"也不为过。

我国第一座水电站 1910 年兴建于云南。

新中国成立前，全国已建成和在建的水电站共 42 座。

1950 年后，大中小型水电站并举，建设了一大波骨干水电站。

1979 年乌江渡水电站大坝创造了当时我国的坝高之最。

2006 年建成的三峡水电站，是目前世界上规模最大的水电站。

我国是世界上受季风影响最显著的国家之一，河流冬枯夏盈，流量变化大。

我国的水力资源尽管蕴藏量丰富，但在利用方面仍存在不足。

我国虽然水力资源总量丰富，但因人口众多，所以人均资源量低。

我国经济重心主要在东部，水力资源却主要分布在西部。

按照以下方法制作一个简易的水涡轮，看看水究竟能不能产生动力吧。

1. 准备材料：1个矿泉水瓶、1根吸管、3条20厘米的绳子、尺子、剪刀、刻刀。

2. 将吸管截下6段，每段2厘米。

3. 将瓶子的上半截截掉。

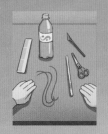

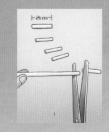

4. 在瓶子上穿孔。接近底部穿6个孔，分别插入6截吸管；接近顶部穿3个孔，分别系上绳子。道具制作完成。

5. 手提绳子，向瓶子里灌水，观察瓶子是否会转动。

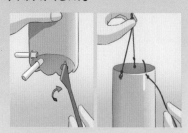

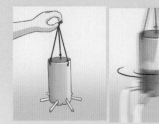

实验原理：

水从吸管里流出时，产生的能量会让瓶子转动，就像水力发电机里的水推动叶片转动，从而带动发电机发电一样。

水力发电

煤炭、石油等非清洁能源的大量使用给人类的生存环境带来严重的威胁，因此水能、风能、太阳能等清洁能源的利用逐渐受到重视。水力资源由于技术成熟度较高，成为水能中应用最广泛的资源。

水流的冲击力

水流具有强大的动能。在古代，人类就学会了利用这种动能为日常的生活生产提供帮助。早先人们利用水力来灌溉，科技进步后，人们开始利用水力来发电。水力资源的利用促进了社会的发展。

自然界中，"瀑布倒退"是瀑布受水流冲击力的影响而产生的一种典型现象。

在水力冲击和侵蚀下，瀑布跌落处会形成一个水坑，随着时间推移，水坑不断扩展，致使其上方崖壁的岩石因失去底部支撑而垮落，瀑布因此倒退。

水流量越大、瀑布越高，水所蕴藏的能量也就越大。

水力发电的种类

当前能被人们广泛利用的水力资源大都来自河流。为了充分开发宝贵的水力资源，人们采用了多种方式来建设水电站。

坝式水力发电设施利用挡水建筑物抬高水位，进而利用水的落差发电，是大型水电站常采用的方式。

引水式水力发电设施在河段上游筑坝蓄水，通过输水管道等将水引到河道下游或其他地方发电。

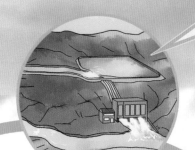

抽水蓄能发电设施建有上下两座水库，两水库相连，可根据电力系统的运行情况灵活调整发电方式。

梯级水力发电设施是分布在同一河流上下游的水电站群，各级水电站可以采用不同的发电方式，互相取长补短，从而提高资源利用率。

你 知 道 吗

● 瀑布是早期水电站的最佳选址，因为它的水流落差大，具有比河流更大的能量。

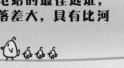

水力发电的优势

水力发电具有十分明显的优势。

水力资源是一种可再生能源，也是清洁能源。水力可恒久持续地利用，也不会产生有害的能源废料。

水力发电的转化效率高。它的主要动力设备是水轮发电机组，操作灵活，可以随时调控发电量。

清洁可再生

转化效率高

技术相对成熟

运营成本低

水力发电的技术相对成熟。它的应用迄今已有一百多年的历史，并历经多次创新和改良。

水力发电的运营成本低。它无需消耗其他动力资源，在发电量相等时，与火力发电、风力发电、核能发电相比，它的成本是最低的。

水力发电的弊端

　　尽管水力发电有着诸多优势，但在建造水库、蓄水发电的过程中，也有一些值得注意的弊端。

　　蓄水可能会淹没良田和森林，对人类生产造成影响，使生态环境发生改变。

　　蓄水可能会淹没或毁坏文物古迹等文化设施，造成宝贵物质文化遗产的价值损失。

　　蓄水可能会淹没居民区，产生大量的移民，需进行艰难的移民安置工作。

　　建设水库还有可能诱发地震等地质灾害，水库两岸的山体也易产生山体滑坡、塌方等灾害。

三峡工程——水电之最

三峡工程全称为长江三峡水利枢纽工程。整个工程包括混凝土重力式大坝、泄水闸、坝后式水电站、永久性通航船闸和升船机等。

水电站的工作原理

决定水力大小的因素是水的落差和水流量，人们通过筑坝拦水的方式来提高水的落差，增强水电站的发电能力。

引水建筑物用于汇集、调节水流的流量，以便把所需的水力输送到水轮发电机组。

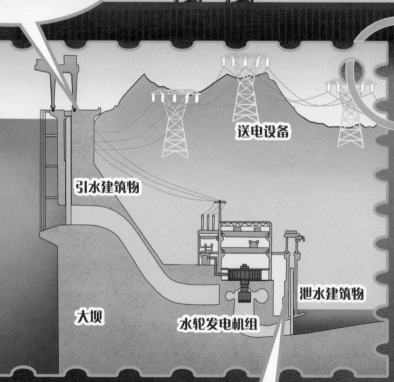

送电设备

引水建筑物

大坝

水轮发电机组

泄水建筑物

泄水建筑物用于宣泄超过水库库容的洪水，以及泄放水库、渠道内的存水，以便工作人员对水库进行检查维修。

三峡工程是目前中国乃至世界上最大的水利枢纽工程。它的装机容量达 2250 万千瓦，年设计发电量 882 亿千瓦时。2018 年，三峡水电站突破其年发电量纪录，生产了超 1000 亿千瓦时电能。

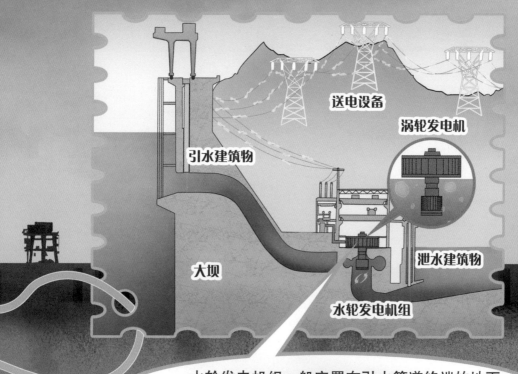

送电设备

涡轮发电机

引水建筑物

泄水建筑物

大坝

水轮发电机组

水轮发电机组一般安置在引水管道终端的地下水厂房内。它是将水能转化为电能的关键设备。

被大坝蓄积的流水，在大坝高水位的压力下，携带巨大的水能，经拦污栅和进水闸门的调节，进入输水通道，直冲水轮机。水轮机在流水的冲击下发生运转，并带动发电机发电。发电机输出的电能经变压器升压之后接入电网，通过高压输电线路将电能源源不断地输送到负荷地。

你 知 道 吗

● 三峡工程创造了一百多项"世界之最"，推动了我国乃至世界水电技术的快速发展，给我国带来了很大的经济效益和社会效益。

三峡工程的效益

防洪

三峡水库推动了库区两岸农、林、牧、渔等产业的迅速发展。

三峡大坝能抵御百年一遇的大洪水，有效确保了长江中下游平原的安全。

三峡水电站不仅发电量巨大，还是全国电网联网中心，是我国电力的神经中枢。

农牧业

电力枢纽

"高峡出平湖"的壮丽风景与三峡工程的宏伟，吸引众多游客前来参观。

旅游

三峡水库对长江航道起到调节作用，使原本的险途变为黄金水道。

三峡水电站年发电量巨大，替代部分火电，相当于节约了大量煤炭，减排了大量二氧化碳。

航运

三峡水库蓄积的大量库水，能合理地应对下游的用水需求。

调水

保护生态

试一试，让激光"流"到你的手中。

1. 准备材料：塑料瓶、钉子、激光笔、水。

2. 用钉子在塑料瓶的瓶身上戳一个小孔。

3. 往塑料瓶里装水，记住按住小孔，不让水流出来。

4. 用激光笔从瓶身的另一边对准小孔发射光线，放开小孔让水流出来，你会发现那束激光会跟随水流一起"流"到你手中。

（注意：请勿用激光笔直接照射眼睛。）

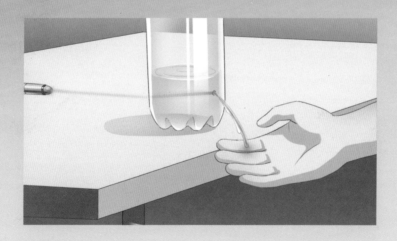

实验原理：
水能使光线产生折射。

潮汐发电

到过海边，观看过海潮的人一定不会忘记，那汹涌澎湃的海潮所蕴藏的威力。驯服海潮，利用这"不可一世"的海潮之力，是人们千百年来的梦想。

潮汐是海洋中最常见的一种自然现象，是海水受到月球和太阳共同引力作用的结果。古人为了表示生潮的时刻，把发生在早晨的高潮叫潮，发生在晚上的高潮叫汐。

什么是引潮力呢？导致潮汐产生的作用力包括天体（尤其是太阳和月球）对地球产生的引力、天体之间相互绕转产生的离心力，这两者的合力就称为引潮力。来自太阳和月球的引潮力有时形成合力，相得益彰；有时是斥力，相互牵制抵消。

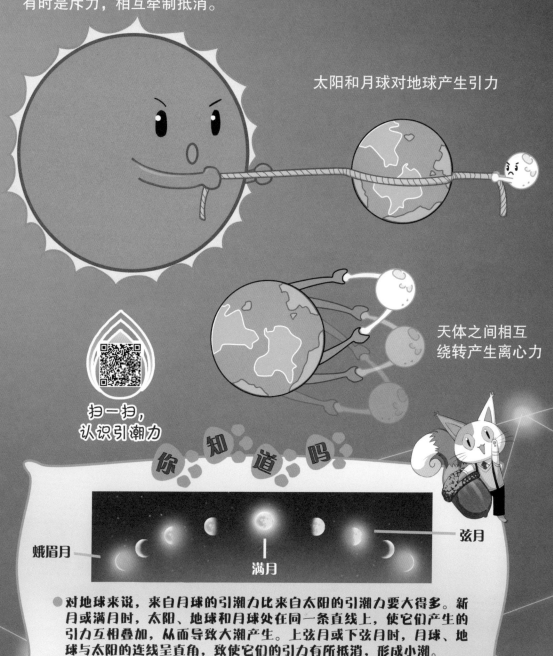

太阳和月球对地球产生引力

天体之间相互绕转产生离心力

扫一扫，
认识引潮力

你 知 道 吗

娥眉月

满月

弦月

● 对地球来说，来自月球的引潮力比来自太阳的引潮力要大得多。新月或满月时，太阳、地球和月球处在同一条直线上，使它们产生的引力互相叠加，从而导致大潮产生。上弦月或下弦月时，月球、地球与太阳的连线呈直角，致使它们的引力有所抵消，形成小潮。

潮汐发电的种类

　　潮汐发电的本质也是水力发电，但它是依靠潮汐的涨落来推动水轮机运转的。目前潮汐发电的方式有三种。

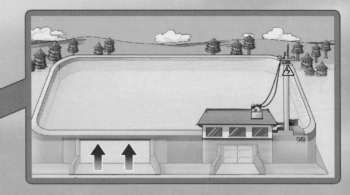

单库单向式发电站

　　单库单向式发电站，涨潮时，让水库充满海水；落潮时，放出水库中的水推动水轮机发电。

双库连续式发电站

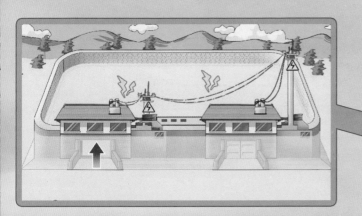

单库双向式
发电站

　　单库双向式发电站，在涨潮和落潮
时都能推动水轮机发电。

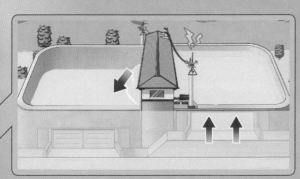

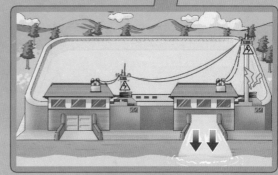

　　双库连续式发电站，设高低两个水库，一个水库只
在涨潮时进水，一个水库只在落潮时泄水。两个水库之
间始终保持水位差，解决了潮汐的间歇性问题，实现全
日发电。

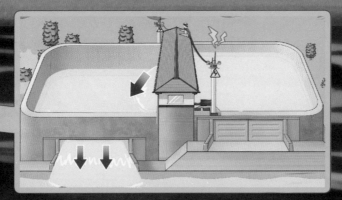

潮汐发电的优点和缺点

潮汐能蕴藏量巨大，所以人们非常重视对潮汐发电的研究和试验。

不影响生态平衡

潮汐发电的优点

潮汐能是一种清洁、不影响生态平衡的可再生能源。建设潮汐电站水库不需筑高水坝，不会淹没大量农田、破坏古迹，不存在人口迁移等问题。

不会淹没农田

没有人口迁移

潮汐发电的缺点

日夜变化大

潮汐存在日变化和月变化，出力不稳定，需大电网配合进行供电量的调节。此外，潮汐电站建在海湾港口，施工困难，投资大、造价高。水轮机浸泡在海水中，需做特殊的防腐和防海洋生物黏附处理。

水轮机易生锈

施工困难造价高

江厦潮汐电站

江厦潮汐电站是目前我国最大、最先进的潮汐电站。它是一座单库双向式潮汐电站，其装机容量位居国内第一、世界第三。除直接发电外，在库区及周围地区发展种植业及水产养殖业也可产生一定的经济效益。

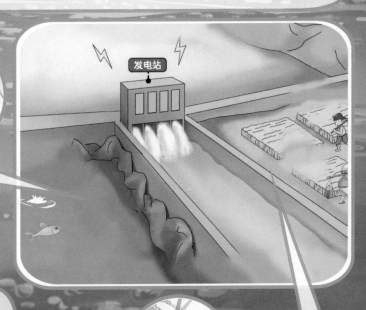

立体水产养殖，主要养殖对虾、青蟹、蛏、花蚶、泥螺等。

加拿大安纳波利斯潮汐电站

加拿大安纳波利斯潮汐电站坐落在芬地湾的湾口安纳波利斯－罗亚尔，是一座单库单向式潮汐电站，该电站采用全贯流水轮发电机组。

围垦农田，主要种植水稻、棉花等农作物和柑橘、柚子等水果。

法国朗斯潮汐电站

法国朗斯潮汐电站是第一座真正具有商业实用价值的潮汐电站。它的总装机容量24万千瓦，年发电量5亿多千瓦时。

新式潮汐能电站

传统的潮汐能发电站必须选择在有港湾的地方修建蓄水坝，为了减少这种蓄水坝对河流及海岸附近生态系统产生的不利影响，人们正在积极探索和发展新的不需要建造蓄水水库、设在海面之下的潮汐发电系统。

挪威哈默菲斯特电力公司（Andritz Hydro Hammerfest）建造出了世界上第一座水下潮汐能电站。这座潮汐能发电站类似于一个水下的风车，发电装置被固定在位于海底的20米高的钢柱顶端，当海水流过时，直径10米的叶片就会随之转动，从而产生电能。

与哈默菲斯特公司一样，开放水力公司（Open Hydro）、亚特兰蒂斯资源公司（Atlantis Resources）也在进行新式潮汐能发电的大规模实证试验。

开放水力公司的潮汐能技术特点在于"中心开口"结构。叶片不仅以一定的缓慢速度旋转，还可以使鱼从空洞的中心穿过而不会被卷入叶片。设备不使用润滑油，因而不会造成海洋污染。机械噪声低的特点也已得到证实。

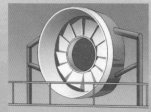

试一试，制作一瓶"反重力"的水。

1. 准备材料：瓶子、塑胶网或丝网、橡皮筋、水、牙签。

2. 在瓶子里装满水，用橡皮筋将网封住瓶口。

3. 将瓶子倒过来，网虽然有洞，但水却不会流出来。

4. 将牙签戳进网内，水也不会漏出来，而且牙签还会浮到最上方。

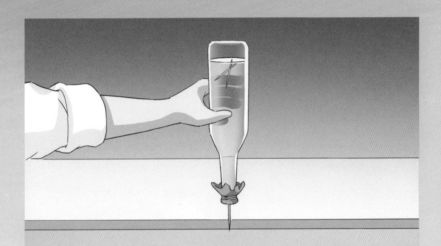

实验原理：
水具有表面张力，能在网格上形成一张"膜"，制造出密封的状态。

海浪发电

　　海浪的威力非常大，滔天巨浪能使船翻舟倾。面对汹涌而来的海水，沉重的集装箱、巨大的轮船都会像小玩具一般被海浪抛上抛下。但是，海浪并不是只会搞破坏的"坏孩子"，海浪对人类生活发挥着非常重要的作用。

海浪一般分为风浪、涌浪和近岸浪。

风浪是在风的直接作用下产生的水面波动。

涌浪是某个风区的风浪向外传递出来的产物。此外，风区内风向改变或风力平息后遗留下来的波浪也称为涌浪。

近岸浪指由于外海的风浪或涌浪传到海岸附近，受地形作用而改变波动性质的海浪。

海浪长期侵袭沿海陆地，使其形成"海蚀崖""海蚀柱""海蚀洞"地貌。

丰富的波浪能

　　据估算，世界海洋中波浪能的蕴藏量达 700 亿千瓦，是最丰富的海洋能量资源。我国大陆海岸线长达 18000 多千米，波浪能的蕴藏量十分可观。

你 知 道 吗

● 为保护海岸或河堤，人们在岸边放置了大型的水泥块以吸收海浪拍打的冲击力，这些水泥块被称为消波块，又称防护块或弱波石。

开发利用波浪能的原理就是将波浪起伏所产生的能量变化，转化为机械动能，带动涡轮机转动。目前采集波浪能的方式可归纳为三种。

漂浮式波浪能装置

扫一扫，了解波浪能收集装置

漂浮式波浪能装置由若干个浮体结构铰接而成，被系于海底的锚链固定在一定区域内，随波浪浮动，收集波浪能。

半漂浮、半固定式波浪能装置又称振荡浮子式波浪能装置，它具有漂浮式的浮子和固定式的滑槽，建造难度和成本比固定式波浪能装置低，抗台风能力比漂浮波浪能装置高。

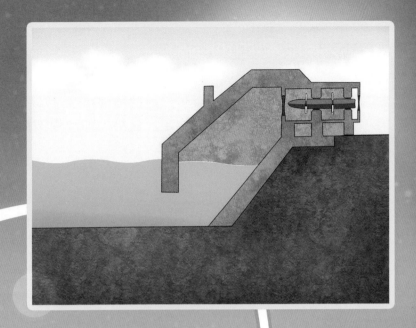

固定式波浪能装置

半漂浮、半固定式波浪能装置

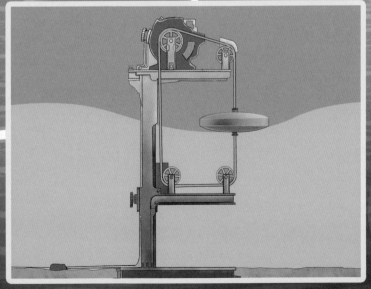

岸式波浪能装置是固定式波浪能装置中的一种，管道中空气活塞室受海浪进袭的压迫，推动空气涡轮机旋转，从而带动发电机发电。

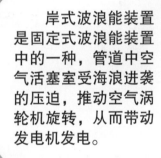

波浪能利用的困难

波浪能虽然蕴藏量大，但因为波浪不能定期产生，各地区波高也不一样，所以波浪能很不稳定。这给人们利用波浪能带来了困难。在开发技术上，还需考虑以下问题。

由于受技术限制，波浪能发电装置将吸收来的波浪能转化而成的电能也是不稳定的。

发电稳定性

采集装置抗腐蚀

海水含盐量高，有较强的腐蚀性，波浪能开发装置极易受到腐蚀。

抗风浪

波浪能蕴藏量大的海域，风势较为猛烈，会对波浪能开发装置造成破坏。

试一试，制作一个"吸水蜡烛"。

1. 准备材料：盘子、玻璃杯、蜡烛、打火机、水。

2. 将蜡烛固定在盘子中央，并往盘子里注满水。

3. 用打火机把蜡烛点燃，再用玻璃杯小心地罩住蜡烛。

4. 等待蜡烛熄灭，在熄灭的过程中，盘子里的水就会被吸到杯子里去。

实验原理：

蜡烛燃烧使杯子内的空气变热，热空气会溢出杯外，同时杯中氧气逐渐耗尽，蜡烛慢慢熄灭。随着杯子内的空气冷却，气压下降，杯外气压高于杯内气压，盘子里的水就会被压进杯子里。

海流发电

海流能和潮汐能、波浪能一样都是以动能形态出现的海洋水力能。在古代，人们利用海流来助航，到了近代，人们尝试着利用海流能来发电。

认识海流

海流，又称"洋流"，可理解为海洋中的河流。虽然它们没有陆地河流那样的河岸，但它们像河流那样终年沿着比较固定的路线流动，在分布上有一定的规律，并且有暖流和寒流之分。

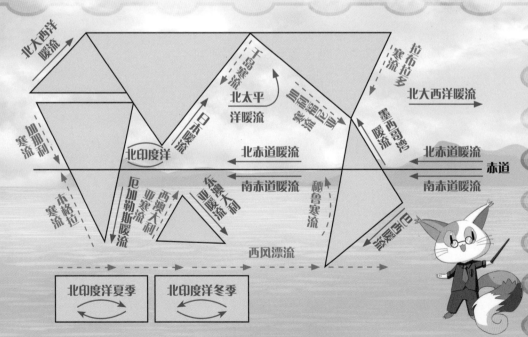

流动的海流就像人体的血液循环一样，把地球上的海洋联系在一起，使海洋得以保持其各种水文、化学要素的长期相对稳定。

海流的成因

海流按其成因可以分为密度流、风海流和补偿流三种类型。

密度流

密度流主要由海水的盐度和温度等差异造成。海水盐度和温度的不同会使海水密度不同。在一定深度处，密度不同引起的压力差使深层海水从密度大的海域流向密度小的海域。

温度高的海域，海水体积膨胀，密度降低。

温度高

温度低

温度低的海域，海水体积收缩，密度增大。

含盐量少，密度小。

淡水区

海水区

含盐量多，密度大。

你 知 道 吗

在寒暖流交汇处往往形成较大的渔场，因为这些海区的海水受到扰动，可使下层盐类升到海洋表层，有利于鱼类大量繁殖；两种洋流交汇还可以形成"水障"，阻碍鱼类活动，使得鱼群集中。世界上因寒暖流交汇而形成的四大渔场是：北海道渔场、北海渔场、秘鲁渔场和纽芬兰渔场。

风海流

　　风吹水动，风力是引起表层海水运动的重要因素。当风把某个区域的海水吹动时，邻近海域的海水会向该区域进行补充。表层海水的运动又会带动下层海水，从而形成大规模海水运动，形成风海流。

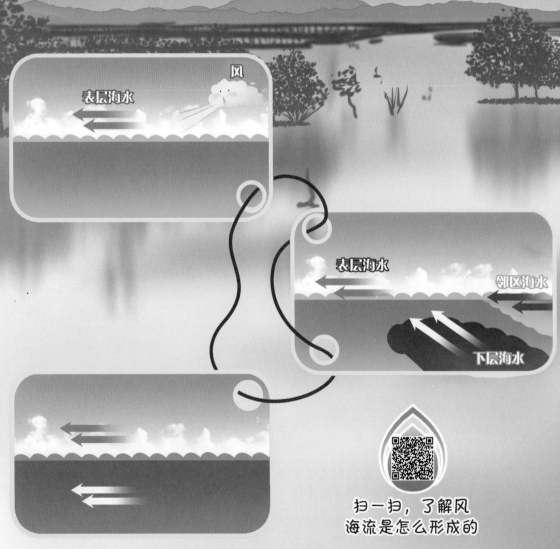

风

表层海水

表层海水

邻区海水

下层海水

扫一扫，了解风海流是怎么形成的

补偿流是一种次生流，海水运动导致某区域的海水减少，邻近海域的海水必然会向该区域进行补充，这就是补偿流。补偿流有水平的，也有垂直的。

补偿流

赤道逆流自西向东流动，以补充大洋东部被赤道海流带走的海水。

赤道北侧的海水受东北信风的影响，由东向西流动。

北赤道暖流

赤道逆流

南赤道暖流

水平面

赤道南侧的海水受东南信风的影响，由东向西流动。

垂直面

秘鲁寒流

秘鲁

秘鲁西海岸，在东南信风的持续吹拂下，上层温暖海水离岸向西而流，深水中的冷海水便涌升而上。

相比于潮汐能和波浪能，海流能更加平稳而有规律。

　　海流发电的原理和风力发电相似，它依靠海流的冲击力使水轮机旋转，从而带动发电机发电。目前，海流发电站主要有三类：花环式海流发电站、驳船式海流发电站和伞式海流发电站。

你 知 道 吗

● 1992 年，一艘货轮在太平洋遭遇强风暴，掉落出大量小鸭玩具，形成一支"鸭子舰队"，在海上漂过大半个地球。科学家利用它们追踪海流的运动情况。2007 年，"鸭子舰队"抵达英国海岸。

扫一扫，了解花环式海流发电站

花环式海流发电站由许多转轮成串地安装在两个固定的浮筒上，浮筒里装有发电机。整个电站迎着海流方向漂浮在海面上，在海流的冲击下呈半环状张开，像献给客人的花环。

锚链

电缆

浮筒

电缆

驳船式海流发电站实际上是一艘船，在船舷两侧装着巨大的水轮，水轮在海流推动下不断转动，进而带动发电机发电，发出的电力通过海底电缆送到岸上。

伞式海流发电站建在船上，它将许多"降落伞"串在一根很长的绳子上，绳子两端相连，形成环形。将绳子套在船尾的两个轮子上，"伞"在洋流中被反复撑合，带动轮子转动，进而实现发电。

海流能开发的困难

　　海流能的开发虽已受到重视，但由于海流能发电装置必须放置于水下，技术难度较高，因此还处于探索阶段，存在很多技术难点。

　　尽管海流发电机的原理与风力发电机相似，但海水的密度大，含盐量高，所以海流能发电装置需要有更大的机械强度和更强的抗腐蚀能力。

　　海流发电机的涡轮需适应海水流动方向的交替变更，为提升涡轮的运行效率，需综合考量海流发电站选址、涡轮变桨功能等多种因素，进行叶片的优化设计，实现最优的运行效果。

　　受海底远距离电能输送困难和深海环境复杂性的影响，当前人们只能着力开发近海区域的海流能。

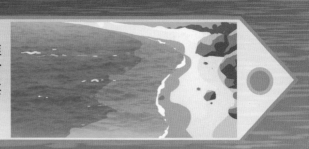

　　海流流速是决定海流能开发选址的重要因素，但现有的流速测量技术仍然以手动测量为主，测试工作开展困难。

试一试，让水中的胡椒粉"逃跑"。

1. 准备材料：碗、水、胡椒粉、肥皂。

2. 在碗中装满水，然后在水面均匀洒上胡椒粉。

3. 在手指上涂抹肥皂，然后把手指放进水中。你会发现胡椒粉马上就"躲开"了。

实验原理：
　　肥皂溶于水中后会让附近水面的张力变小，胡椒粉就会往不受肥皂影响的远处水面"逃走"。

水能的潜力

海洋是大自然赐给我们的宝藏，除了潮汐能、海浪能和海流能，还蕴藏着盐差能、热能和核能等。

海水盐差能发电

地球上的水有淡水、咸水之分。含盐量的差别使海水和江河水的交汇处存在渗透压力差，这就形成了盐差能。

平均盐度 ≈ 0

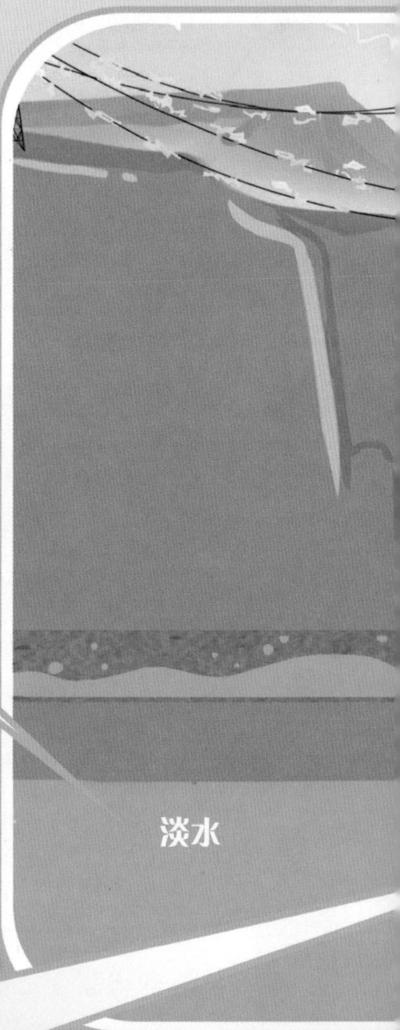

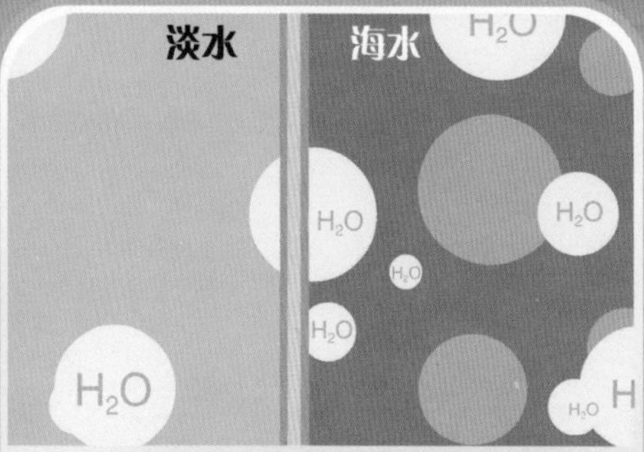

淡水　海水　H₂O

淡水

半透膜是一种只允许混合物中的某些物质透过的薄膜，能只让水透过，不让海水中的盐透过。

海水的平均盐度约为 3.5%，江河淡水基本不含盐。海水的渗透压大于淡水，在交汇处，压力小的淡水会渗透到压力大的海水中，直至盐度相同。人们就利用这种渗透压力差，推动水轮机旋转发电。

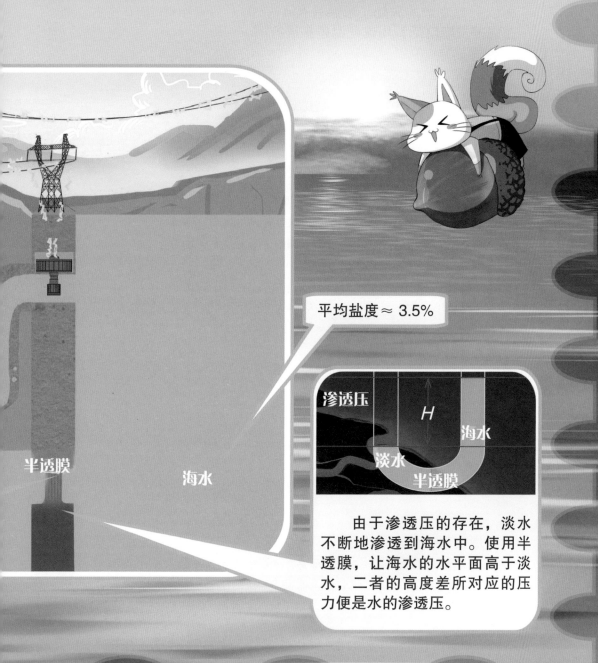

平均盐度 ≈ 3.5%

渗透压

H

海水

淡水

半透膜

半透膜

海水

　　由于渗透压的存在，淡水不断地渗透到海水中。使用半透膜，让海水的水平面高于淡水，二者的高度差所对应的压力便是水的渗透压。

海水温差发电

除盐差能外，海洋中还蕴藏着丰富的太阳热能。表层海水的温度可达 25 ~ 28 ℃，深层海水由于不能直接受到阳光照射，因此海平面以下 500 米的深处，水温只有 4 ~ 7 ℃，两者相差 20 ℃左右。海洋温差发电就是利用这一温差来进行的。

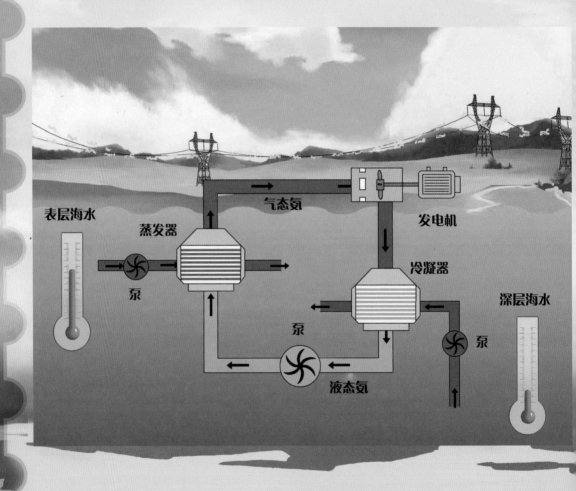

温度较高的表层海水进入蒸发器，使其中的氨蒸发为气态进入管道，推动发电机发电；随后氨气被送入冷凝器，这里有温度较低的深层海水，会将氨气液化后通过闭路系统再次泵入蒸发器，实现循环使用。

海水中的核能

核能是人类可利用的重要能源之一。从目前的科技水平看，人们开发核能的途径有两条：一是依靠重元素如铀的裂变来获取核能，这是目前已建成核电站所采用的技术；二是依靠轻元素如氘、氚等的聚变来获取核能，这一技术目前正处于探索阶段。

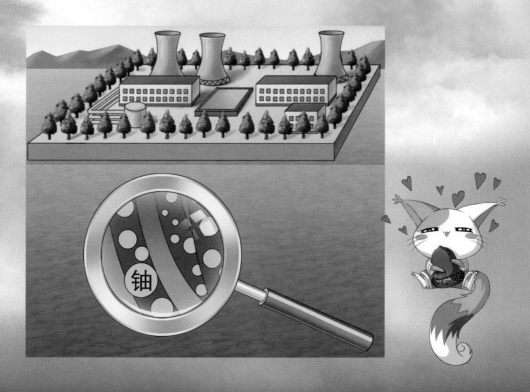

铀是当今核电站的主要燃料，其在海洋中的储量十分巨大。海水中溶解的铀质量达几十亿吨，远远超过已探知的陆地储量。但海水含铀的浓度很低，只有先把铀从海水中提取出来，才有可能对其加以应用。

核聚变的原料氘和氚几乎全来自海水。海水总体积约为 13.7 亿立方千米，大约含 40 万亿吨氘。氘具有聚变反应能量大、提取简便、成本低、蕴藏丰富等特点，在解决人类未来能源需求上展示出极好的前景。

试一试，让箭头"翻转"。

1. 准备材料：透明玻璃杯、纸、笔、水。

2. 在纸上画上箭头，并将纸立起来固定好，放在视线的正前方。

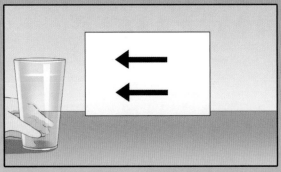

3. 在玻璃杯中装满水，慢慢挪到箭头前，观察杯中的箭头，会发现箭头的方向翻转了。如果箭头没有翻转，可将水杯前后移动试试。

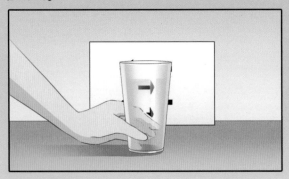

实验原理：
透明玻璃杯装水后就像一面凸透镜，当物体放在凸透镜的焦距之外，我们透过凸透镜就可以看到物体颠倒的实像了。